小学生气象科普

气象神探贝贝狗

系列④

消失在雪地的凶器

朱应珍　著
陈绯旸　绘图

气象出版社
China Meteorological Press

图书在版编目（CIP）数据

消失在雪地的凶器/朱应珍著.—北京：气象出版社，2012.1
（小学生气象科普.气象神探贝贝狗系列；4）
ISBN 978-7-5029-5333-1

Ⅰ.①消… Ⅱ.①朱… Ⅲ.①气象学-少年读物
Ⅳ.①P4-49

中国版本图书馆CIP数据核字（2011）第224719号

Qixiang Shentan Beibeigou Xilie④——Xiaoshi zai xuedi de Xiongqi
气象神探贝贝狗系列④——消失在雪地的凶器

出版发行：气象出版社
地　　址：北京市海淀区中关村南大街46号
邮政编码：100081
总 编 室：010-68407112
发 行 部：010-68409198
网　　址：http://www.cmp.cma.gov.cn
E-mail：qxcbs@cma.gov.cn
责任编辑：崔晓军　姜　昊
终　　审：章澄昌
封面设计：博雅思企划
绘　　图：肆点半动画工作室　陈绯旸
责任技编：吴庭芳
责任校对：永　通
印　　刷：北京中新伟业印刷有限公司
开　　本：880mm×1230mm　1/32
印　　张：3.75
字　　数：43千字
版　　次：2012年1月第1版
印　　次：2012年1月第1次印刷
印　　数：1—6000
定　　价：9.00元

序

少年儿童是祖国的花朵，是国家的未来，特别需要全社会的精心呵护。我国是世界上气象灾害频发的国家之一，在自然灾害中气象灾害占70%以上，而少年儿童又是防御自然灾害最薄弱的环节之一。人们不会忘记，2005年6月黑龙江省沙兰镇一场突发性局地暴雨引发的山洪夺去了107名小学生的生命；2007年5月重庆开县的一次雷击造成7名小学生死亡、几十名学生受伤……这些惨痛的教训,充分印证了加强少年儿童的气象防灾减灾科普教育的重要性和必要性。党和国家历来十分重视少年儿童的防灾减灾科普教育工作，胡锦涛总书记多次强调，要将防灾减灾知识纳入国民教育。因此，防灾减灾从娃娃抓起，使少年儿童树立良好的气象防灾减灾意识，提高自救互救基本能力，非常重要，意义深远。

气象科普是气象科技联系经济社会发展和人民生产生活的重要纽带，也是推动气象事业科学发展，提升公共气象服务能力，发挥气象服务效益的重要途径。气象出版社以气象防灾减灾为主体，组织编写出版《小学生气象科普》系列图书，正是气象事业和出版事业以人为本、服务社会的体现。为此，我感到十分欣慰，也很高兴写《序》，向广大的少年儿童推荐此系列图书。

《小水珠系列》通过两滴来自不同星球的小水珠的偶遇和忽天忽地的结伴旅行及那门变幻莫测、绝伦无比的“气象炮”的神通广大，把许多常人不易明白的天气、天象变化原理，诠释得恰到好处，比如说大多数人都知道台风破坏力极大，但小水珠却因落进了台风眼而安然无恙，这些一波三折故事的叙述，让小读者在担心之中很容易理解其中的气象知识。

《森林村的小气象迷系列》通过小猴子、小梅花鹿、小蜜蜂、小蚂蚁、小恐龙、小灵猫这些比较可爱、孩子们又比较喜欢的动物形象来展现故事情节。这些森林村的小动物在日常生活中总会碰到这样或那样与天气有关的问题，而对同一个问题大家都会根据自己的理解去解释，从而产生出不同的答案。本系列图书在解决矛盾冲突、给出正确答案的过程中，把风雨雷电、阴晴冷暖等枯燥抽象的气象知识活灵活现地呈现在小读者面前。

《气象神探贝贝狗系列》描述了森林村的小动物在生活中遇到的不少难以破解的案例，这些案例有的导致动物死亡，有的造成植物毁坏，有的引发集体生病……气象神探贝贝狗利用自己掌握的气象知识破解了一个个难解之谜。我想这些故事能启发小读者，如何趋利避害合理利用气象知识。

以上图书语言简洁、活泼、有情趣，行文中运用了孩子的口气，不仅能吸引少年儿童，成年人看后，也会意犹未尽。不难看出，作者是在力求吃透气象知识的科学原理，抓住其本质，把气象科普知识以最贴近实际、最贴近生活、最贴近群众的方式展现给读者。希望这些图书能被小读者喜欢，也希望后续品种能越做越好，力求在气象科普宣传战线上出现越来越多的精品图书。

最后，愿借写此《序》之机，希望广大气象工作者认真奉行“以人为本，无微不至，无所不在”的气象服务理念，重视气象科普工作；广大气象科技人员能够多花点时间，创作更多的气象科普图书；气象出版社组织更多的力量，多出气象科普图书，特别是多出精品，常出精品。通过各方面的持续努力，一定会使气象科普根深叶茂，兴旺发达，为人民安全福祉做出新的更大的贡献！

愿气象科普之花在神州大地盛开，芬芳四溢，香满人间！

郑国光

2009年8月1日 于北京

前 言

随着森林村的名气越来越大，想来森林村居住的动物也越来越多，有大型动物，也有小动物，但都是一些表面看起来很温顺的动物。所以，村里原来的居民对新居民的加入都很欢迎，人多热闹嘛。

但是居民一多，不同的习性，不同的性格，在日常生活中，就不可避免地会产生这样或者那样的矛盾，遇到脾气好的动物，大家沟通一下，矛盾就化解了；碰到脾气暴躁的动物，就很有可能发生打架斗殴等刑事案件。不过，动物们常常会碰到一些不是因为动物间闹矛盾发生的案件，而是由于其他原因引发的，叫人摸不着头脑的离奇案件。

为了森林村的和谐与平安，村里特意建立了侦探所，负责人就是最安分守己，并且极其聪明的贝贝狗。他的助手是虽然顽皮，但同样遵纪守法的小狗球球，法医是知识渊博的白猫咪咪。森林村还为侦探所特意配备了一辆汽车，司机是贝贝神探的好朋友小乌龟宝宝。

森林村常发生的那些不明原因的案件，经过贝贝分析之后，认为从表面上看很多都是气象原因引发的。但是，让他更深入地去分析这些原因，他又说不清楚。因此，森林村决定派贝贝到气象学院学习刑侦气象学，掌握如何利用气象知识来破解那些不是人为的，而是气象原因造成的案件。

半年的学习时间很快就过去了，贝贝通过认真学习，掌握了利用气象知识破案的本领，不仅侦破了发生在森林村的一系列错综复杂的案件，也为自己赢得了“神探”的美誉。

朱应珍

2011年10月1日

目　录

象牙谜案

消失在雪地的凶器

文物失踪案

金丝猴的文物神秘失踪

季节已经是初冬了，可天气依然很暖和，也很晴朗。当森林村的动物们还沉浸在暖冬的感觉中时，这天，突然一股寒潮从北方冲了过来，袭击了森林村。虽然村里的气象站已经预报有一股强冷空气即将来袭，可居民们没有想到气温会一下子降低16摄氏度，雪花飘了一天一夜都没有停，地面上的积雪有5厘米厚。

天气一下子变得这么冷，还真让居民们有点吃不消，体态肥胖、怕热不怕冷的恐龙西西都觉得有点受不了，想出门去搬一些木柴把壁炉里的火点着，那样，房屋内会暖和许多的。

森林村的动物们平时有个习惯，只要在森林里见到落下的枯树枝和枯死的树干就会捡回来，分别堆在村子里不同的空地上，供居民们冬季取暖用。但是，他们从来不会去砍伐生长茂盛的树木。

西西走出门，踩着吱吱响的积雪，顶着呼啸的北风来到自己的柴堆旁，刚靠近柴堆就听到很轻微的呻吟声。西西吓了一跳，这么冷的下**雪天**，有谁会愿意在外面挨冻不回家呢？是好人还是坏人？

西西朝传来声音的方向走了几步，但很快又停了下来。如果是坏人怎么办？想想真有点害怕。这时，那可怜的呻吟声又传了过来。

西西想：如果是好人受了伤，自己明明可以帮他却不去帮，那多不好啊。想来想去，西西还是决定走近**柴堆**探个究竟。反正自己个子高大，在森林村里论打架，应该没有几个是自己的对手。就算被别人打几下，也没有什么关系。

想到这里，西西大吼了一声，为自己壮了壮胆，然后走到盖了一块塑料布的柴堆跟前。可是柴堆边并没有人呀，只有大堆的积雪。这时，呻吟声却更加明显了，西西小心翼翼地围着柴堆，走一步，停下来，再听一听，终于在柴堆的南边发现了一个抱着大包袱的身影。

西西再看看周围，没有发现其他的动物。这个呻吟的动物还真会挑地方，柴堆朝南的这一边积雪很少，北风也不太吹得到。西西在那个抱着**大包袱**的身影旁蹲了下来，那个身影这才完全停止了呻吟，并抬起头来看了西西一眼。哦，原来是一只金丝猴！

西西奇怪地看着金丝猴：“喂，小家伙，这么冷的天气你不好好待在家里，跑到这儿来干什么？”

金丝猴有气无力地回答道：“我不是这里的**居民**，本来想穿过你们村子，走近路到城里去的，谁知刚出门就碰到下大雪。天气突然变得这么冷，包袱又重，走到这里时脚也崴了，实在走不动了，只好躲在这个柴堆旁休息。”

西西点点头：“哦，原来是这么回事，那你待在这儿怎么行？天寒地冻的，再待下去非送掉小命不可。”

“那我该怎么办呢？我实在是走不动了。”

西西想了一下：“这样吧，我先把你背到我家去，等天气暖和了，你的脚也好了，然后再走，怎么样？”

金丝猴露出了难得的笑脸：“那怎么好意思，太麻烦您了。”

西西笑着说：“没关系，出门靠朋友嘛。”

“那就谢谢你了，但我现在一步也走不动。”

西西伸出手说：“让我先背你回家，然后再来拿点木柴，把壁炉烧着好取暖。”

说完，不等金丝猴点头，西西就趴在他的跟前，让金丝猴爬到自己的背上来，可金丝猴抱着一个大包袱怎么也爬不上去。

西西说：“让我帮你拿包袱吧。”金丝猴紧抱着包袱怎么也不肯撒手。

西西看出金丝猴很在意包袱里的东西：

"我不会要你的东西，等你爬到我的背上后，我再还给你，行吗？"

金丝猴这才勉强把包袱交到西西的手上，等自己爬到西西的背上后，就伸手把包袱抢了过去。

西西等金丝猴坐好后，就踩着积雪回到家中。

西西把金丝猴放在自己的大床上，帮他盖好被子。在西西做这些事情的过程中，金丝猴一直抱着那个大包袱。躺在床上以后，就把包袱放在自己的头边。西西把金丝猴安顿好以后，又走出家门，踏着积雪去搬木柴。

西西把木柴搬回家后，发现金丝猴已经睡着了。西西把壁炉的火生着以后，房间里顿时暖和了许多。西西在壁炉旁坐了下来，心想给金丝猴做点好吃的，让他补补身体。

可能是室内气温的变化影响到金丝猴，

他突然醒了。西西听到金丝猴在床上翻了一下身，就站起来向金丝猴的床边走去。谁知刚走到床边就被金丝猴狠狠抓住。

西西吓了一跳："金丝猴，你是不是在做梦呀？"

金丝猴恨恨地说："做什么梦，你这个不安好心的家伙，竟敢偷我的东西！"

西西**莫名其妙**地看着金丝猴："你说什么呀，谁偷了你的东西？"

金丝猴仍然抓着西西："就是你偷的，不然我刚才那个包袱怎么不见了。"

西西**扒开金丝猴的手**在床上翻找着："刚才明明是你自己抱着包袱，睡觉时放在枕头边，还用被子盖着，怎么会不见了？"

金丝猴指着西西："得问你呀，这是你的家，又没有其他人来过。现在东西不见了，不是你**偷的**，还会是谁？"

西西气呼呼地说："不跟你吵，我们一

起去找贝贝神探去。”

金丝猴说：“行。我听说过贝贝神探，他很会破案，我要请他帮我找到**丢失的文物**。”

雪地里怪异的足迹

这时降雪已经停止，但天空依然是阴沉沉的，天气还是很冷。金丝猴和西西都顾不了这些，一个想找回丢失的文物，另一个则想找回自己的清白。可是，金丝猴因为脚崴了，行走起来很不方便，西西虽然心里对金丝猴有些气恼，但还是很友好地把金丝猴放在自己的背上，背着他一起朝**侦探所**走去。

他们刚走到侦探所的门口，球球就把门打开了：“老远就听到西西**沉重的脚步**声，我特意等在门边给你们开门，快进来。”

西西走进房门后，先找了一把椅子把金丝猴放下来，然后四处张望，寻找贝贝神探。

这时贝贝神探正坐在壁炉前烤火，看西西在东张西望，便问道：“西西，是找我吗？这么冷的天你找我有什么事？”

金丝猴听到**贝贝神探**在问话，便抢着说：“您是贝贝神探吗？我是邻村的金丝猴。我要状告西西，他偷了我的文物！”

西西大叫起来：“冤枉！金丝猴你不要血口喷人。明明是我救了你，反倒被你咬一口，真是**农夫与蛇**的故事再现。”

金丝猴也大叫起来：“你说不是你，那你说是谁偷了我的文物？”

贝贝神探听他们吵得不可开交，便挥挥手：“别吵了，你们一进门就**吵来吵去**，吵了半天，我还没搞清楚到底是怎么一回事。金丝猴，你是客人，你先说。”

金丝猴说：“我随身携带了一件文物，

西西把我带到他家，我睡了一觉醒来，发现文物不见了。东西是在他家里丢的，不是他偷的，还会是谁？”

西西气得直跳，指着金丝猴说：“你真是一条毒蛇。贝贝神探，事情是这样的，因为天气太冷，我准备去搬一些木柴烧壁炉。我在柴堆旁边发现了他，当时他都快冻死了。我一片好心把他背到我家休息。他睡觉时，那个什么文物还和他在一起。然后，我就去搬木柴了。”

贝贝神探问道：“你出去搬木柴用了很长的时间吗？”

西西点点头：“没错，由于地上积了很厚的雪，抱着一大堆木柴走路很困难，我花了很长时间才把木柴抱回家，但具体多长时间，我就不清楚了。”

贝贝神探接着问：“你出门搬木柴时，有没有看到谁在外面？”

西西摇摇头：“没有，天寒地冻的，有

谁会那么傻在外面游荡。”

贝贝神探又转过头来问金丝猴：“那你在西西家睡觉时，有没有感觉有人进来？”

金丝猴说：“反正我睡觉之前看到的是西西。”

西西插嘴说：“那当然，是我把你背到我家去的。”

金丝猴看着西西说：“我醒来以后，看到的还是西西。”

西西气愤地说：“那是我家，我不待在家里，你叫我到哪里去？”

贝贝神探立即阻止了他们俩：“**别争吵了**。金丝猴，你睡觉时是抱着文物的吗？”

金丝猴说：“没错，开始睡觉时我就是抱着那包袱的。”

贝贝神探问：“有人从你怀里拿走包袱时，你也没有醒吗？”

金丝猴不好意思地**摸着脑袋**："这两天忙着赶路，又碰到下雪天，包袱又重，我根本就无法睡觉，累得不行。好不容易捞到一个睡觉的机会，所以一躺到床上就睡得很死。"

"你说西西偷了你的文物，有什么证据吗？"

"其他**证据**没有，但那个屋子里只有他，你说不是他还能是谁？"

西西气得不行了："没有证据就乱诬蔑我呀？！"

金丝猴又反过来问西西："那你有什么证据证明不是你偷的？"

"我的家又搬不走，你可以到我家去搜嘛。"

"我对森林村又**不熟悉**，你要是藏在其他的地方，我上哪儿去搜？"

贝贝神探说："别着急，现在我们一起到西西家去看看。"

球球赶快把宝宝叫了过来，让他开车送

大家去西西家。当汽车开到离西西家还有100米远的地方时，贝贝神探让宝宝把车停了下来，让西西和金丝猴留在车上，自己和球球很小心地朝西西家走去，尽量不踩到路上原有的痕迹。

到了西西的家里，他们仔细搜查了一遍，不要说有什么文物，就连**生活用品**都简单的不得了，想在房间里藏一件小东西都难，不要说藏一个大包袱了。

走出西西的屋子，贝贝神探先沿着西西去搬木柴的路仔细检查，幸好降雪已经停止了，路上的足迹保存得很完好。贝贝神探蹲下来仔细观察**积雪上的足迹**，认为都是西西留下来的。

球球好奇地问："怎么西西的脚印有的深，有的浅？"

贝贝神探解释说："往柴堆方向去的足迹，因为是空手，所以比较浅；而返回的足迹，两次中一次是背着金丝猴，另外一次是抱着一堆木柴，所以更深。”

球球点点头：“原来是这么回事。这么简单的原因我都想不到，真笨。”说完，用手敲了敲自己的脑袋。

球球见贝贝神探仍蹲在地上，又好奇地问：“贝贝神探，这往返的脚印都搞清楚了，为什么还不走？”

贝贝神探没有回答，而是从球球手中接过工具箱，从里面拿出快干痕迹塑胶液分别倒在两个返回的足迹上。这种塑胶液能快速成型，贝贝神探把两块拓下足迹的塑胶装进证物袋后，再装进箱子里才站起来。

球球忍不住问道：“为什么要取两个模，都是一样的足迹取两个有必要吗？”

贝贝神探若有所思地说：“现在还不好说，我只是觉得这两个足迹有差别，等回去再分析。我们现在到其他地方再看看。”

浮雪下的压痕

贝贝神探和球球来到西西房屋的后面，贝贝神探果然发现了**新的线索**——在房屋的后窗台上发现了足迹。足迹很模糊，但他还是把这个足迹给拓了下来。令他奇怪的是，除了窗台上的这个足迹外，雪地上却没有找到任何痕迹，难道是谁飞到这个窗台上来的？那又是从什么地方飞来的？

贝贝神探四处打量了一番，发现西西房屋后面不远处就是森林。他朝森林走去，边走边观察，发现正对着后窗的这几棵树下的积雪好像比其他树下的**积雪更多一些**，他抬起头来看看树，哦，原来树上的雪都落到地下了。

看来是有人从树上跳到**窗台上**时，用力把树上的雪给震下来了。想必飞贼就是从这儿跳到西西家的。但是他得手以后，背着一个大包袱是没法**从窗台上再跳到树上**的，并且窗台上的足迹是朝房间来的，应该是从树上跳过去时留下来的，那他又是怎样离开的呢？

想到这里，贝贝神探沿着房屋朝与柴堆相反的另一个方向走过去，然后再走回西西的房门口停了下来，仔细查看四周。**飞贼**既然不能从窗台离开，那一定会走房门的。门外没有大树，飞贼离开时没有树可以供他跳跃用，可以肯定是走出去的。

贝贝神探站在门边认真思考起来，从房门往右边是柴堆的方向，西西当时正在这个方向，飞贼不会往右边走。前边是其他动物的住房，后面是树林，没有找到行走的足迹，最有可能的方向是左边。可为什么也找不到足迹呢？这不应该呀！何况飞贼的手上还拿着一个**装有文物的大包袱**。

贝贝神探蹲下来，用嘴把地上的浮雪吹掉。哦，原来如此！积雪上有一条1米多宽、好像被重物压过的痕迹。贝贝神探沿着这条压痕慢慢地往前走，他发现这条压痕有时会宽一点，有时又会窄一点，这是为什么？一时半会还捉摸不出来。一直走到一棵大树旁，**压痕消失了**。同样是这棵树下的积雪比旁边树下的积雪要多，飞贼是借着这棵树的帮助逃走了。

贝贝神探在树干上仔细检查了一番，果然发现了问题——树干的1米高处有**一道划**

痕。他掏出高倍放大镜在树干上一小块一小块地分别查看，还真让他找到了一个指纹，他把这指纹拓下来装进证物袋。

然后，贝贝神探对球球说："现在可以回去了。"

球球很不理解地问道："贝贝神探，您在雪地里找到了什么？"

贝贝神探说："你没注意到雪地上有一道压痕吗？"

球球朝地上看了一眼："哪儿有呀？到处都是白白的积雪。"

贝贝神探说："你没有看到刚才我把路上的浮雪吹掉后，露出了一条好像被压过的痕迹，可能是什么东西在雪地上滚动时留下的。"

球球睁大了眼睛："哇！谁这么狡猾，差点让他给蒙混过去了。"

他们边说边朝汽车走去。

金丝猴一看见他们便大声问道："找到我的文物了吗？"

球球说："你的文物不在西西家。"

西西问贝贝神探："你们是不是找到了偷文物的贼？"

贝贝神探说："差不多，别着急，你们现在可以回家了。"

金丝猴着急了："那我怎么办？"

球球对金丝猴说："如果西西不生你的

气，愿意收留你，你就和他一起回家吧。我可以肯定地告诉你，西西是**清白的**。”

西西拉起金丝猴的手：“我不会生你的气，如果你愿意，我背你到我家去休息，等贝贝神探把你的文物找回来。”金丝猴点点头，爬到西西的背上。

西西回过头来对贝贝神探说：“谢谢您给我**找回了清白**。有什么需要我帮忙的，尽管开口。”

贝贝神探和球球回到了侦探所，立即把拓下的痕迹模块交给了咪咪法医。半个多小时后，咪咪法医把结果拿了过来。西西的两个看起来差不多的足迹，经咪咪法医分析后，发现其中一个足迹上还有另一个动物的足迹，这个动物就是小猕猴。窗台和树干上取到的**足迹和指纹印痕**也都是小猕猴留下来的。

贝贝神探点了点头：“嗯，这一下就全清楚了。但是还有一个环节没搞清楚，等一下让小猕猴来为我们解答。”

说完便让球球和宝宝开车去把小猕猴带到侦探所来。过了十几分钟，小猕猴便被宝宝带到贝贝神探的跟前，但球球却没有回来。

面对贝贝神探注视的目光，小猕猴还是不改玩世不恭的样子，自己找了把椅子，跃上椅子靠背坐了下来。

他**跷起二郎腿**，摇晃着脑袋："贝贝神探，你找我来有什么事？这么冷的天也不让我待在家里暖和暖和，让我出来受冻，太过分了吧！"

贝贝神探笑了笑："从下雪以来，你真的一直待在家里没有出过门吗？"

小猕猴晃头晃脑地说："当然，骗你是小狗。"

咪咪法医气得**拍着桌子**说："你说什么？"

小猕猴赶紧打了自己两个耳光："对不起，说错了。但我肯定没有说谎。"

贝贝神探**抬高了嗓门**："你肯定今天

上午没到树林里去过吗？”

小猕猴神气地说：“那当然，那里多冷呀。”

贝贝神探质问小猕猴：“为什么我们在那里发现了你的足迹？”

“你们肯定是搞错了。那是其他**动物的足迹**，与我没有关系。”小猕猴神色有些慌乱。

正在这个时候，球球回来了，手里还抱着一个大包袱。小猕猴一看到这个包袱，立刻从椅子背上跳下来，老老实实地坐在椅子上，二郎腿也放了下来。

球球严厉地对他说：“你现在还有什么话好说？”

小猕猴低着头一言不发，过了一会儿他把头抬起来说：“我拿的文物**已经上交了**，没事了吧？”

贝贝神探说：“这是球球找回来的，并不是你主动上交的，不能免去你的偷盗行为。你先告诉我，你怎么知道金丝猴手中有文物？”

小猕猴说：“我待在家中没事可做，就到树林里玩，看到西西救了金丝猴，还发现金丝猴对手中的包袱特别在意。开始并不知道是文物，但知道一定是很值钱的东西。所以心想一定要把它拿到手。”

贝贝神探接着问：“说说看，为什么你在地上打滚儿时，痕迹有时宽有时窄？”

“我当时是抱着大包袱打滚的，当我肚皮向着地面时，我怕压坏了文物，就把包袱顶在头上；当背朝着地面时，就把包袱抱在怀里。”

球球说：“小猕猴呀，你真是太狡猾了。那你跳到大树上后，是怎么逃走的？”

小猕猴解释道：“我是抓着树枝荡到旁边的屋顶上跑掉的。”

贝贝神探一拍桌子生气地说：“小猕猴，你是一个很聪明的动物，可惜**聪明反被聪明误**，你就等待全村居民的惩罚吧！”

干旱引起鸟类中毒

五彩翠鸟突然瘫痪

在森林村的鸟语公园内，有一群身披鲜艳外衣的小鸟，它们长着大脑袋，捕猎技术很高明，这就是**五彩翠鸟**。每个到鸟语公园来玩的森林村居民都很喜欢这些美丽的翠鸟。

大家最喜欢观看的就是翠鸟的跳水表演，虽然他们的动作很单一，但速度很快，就像子弹从枪膛里射出来一样，还不等你眨一下眼睛，他们就已经从高高的岩石上或者大树上跳到水中了。**爱美的梅花鹿**北北是翠鸟们的好朋友，几乎每天都会到鸟语公园来和他们一起玩。

夏季的一天，天气很晴朗，太阳光猛烈地射向大地。这种只有阳光没有降雨的天气已经维持很长一段时间了。森林村的居民难以忍受这种**燥热的天气**，有的躲在家中，有的泡在海水里。只有北北还是每天到鸟语公园与翠鸟们聚会。

每年的4−7月，一对对的翠鸟就会在陡峭的河岸上，用凿子一样的大喙掘洞，建设自己的家。所以，北北就直接来到河岸边，大声地呼唤翠鸟。但是今天**很奇怪**，翠鸟没有像往日那样立即从洞里飞出来，与北北一起玩耍。

北北开始以为自己的声音太小，因为翠鸟的洞有时会深达2～5米。因此，又大声叫了几声，但还是没有见到翠鸟的身影，倒是把在河里泡水的恐龙西西和小灵猫给叫过来了。

小灵猫看着北北说：“北北，这么热的天，你不老老实实待在家里，跑到河边**练嗓子**呀？”

北北说：“练什么嗓子，我是来找翠鸟玩的，可怎么叫也不见他们出来。”

西西插嘴道：“是有些奇怪。平常我们在河边玩时，都会看见翠鸟从大树上冲到水中捉鱼吃，今天连他们的影子都没有看见。”

北北焦急地说：“翠鸟是不是遇到什么危险了？我们到翠鸟家里看看吧。”

小灵猫抬头看看陡峭的崖壁：“他们的家安在那么高的岩石上，我们爬得上去吗？”

西西拍拍小灵猫的肩：“你不是小灵猫嘛，我们三个只有你可以爬得上去，北北和我是无能为力。”

小灵猫眉头一皱：“我爬树还可以，爬山崖还没有试过。要不我试试看。”边说边往崖上爬。但岩壁与地面几乎成90度角，而且崖壁非常光滑，小灵猫才爬了几步就掉下来了，连试了几次都没有成功。

小灵猫躺在地上叹了一口气：“嘿，你们就别指望我了，我是心有余而力不足哟。”

西西走上前扶起小灵猫：“这不能怪你，要怪只能怪翠鸟，什么地方不好建房子，非要建在这么个鬼地方。”

北北有些不高兴：“这是翠鸟祖祖辈辈传下来的习惯，他们把**房子建在河崖上**，肯定有他们的道理，怎么能责怪他们。”

西西赶快解释：“我不是责怪他们，只是觉得现在没办法找到他们，着急呀！”

小灵猫在一旁提意见：“要不我们去鸟语公园，找喜鹊帮忙，让他飞上去看看到底发生了什么事情。”

北北高兴地说：“好哇，你身手敏捷，还是你去请喜鹊，我和西西在这里等。”

小灵猫二话没说，拔腿就朝旁边的鸟语公园跑去，很快喜鹊就飞来了。北北把情况简单地告诉了喜鹊，喜鹊“嗖”地一下就飞到了翠鸟的家。

哎呀！不得了，翠鸟一个个都躺在床上

不能动弹，好像是**瘫痪了一样**。

喜鹊“嗖”一下飞回北北他们跟前，大叫道：“不好了，不好了，翠鸟他们都快要死了。”

北北拍拍喜鹊的脑袋：“乌鸦嘴，乱说话。翠鸟他们好好的，怎么会死呢？到底发生了什么事？”

喜鹊叹口气说：“翠鸟们不知中了什么邪，都瘫痪了。”

西西急得直跺脚：“你赶快把他们背下来，送到咪咪法医那儿去**抢救**吧。”

小灵猫说：“对，咪咪法医肯定和我一样爬不上去的。北北，你赶快去找一个**背篓**，放在西西的背上，可以把翠鸟放进去，送到咪咪法医那儿。”

北北问小灵猫：“那你干什么？”

“这件事很蹊跷，我马上去报告贝贝神探。”

北北点点头，四处去找背篓。**喜鹊则飞到翠鸟的洞里去背病号**。北北很快就找来一个大背篓，并在背篓里铺了一些软软的草。

背篓放在西西的背上后，喜鹊上上下下飞了好多次，总算把所有瘫痪的翠鸟都放进背篓里。怕强烈的阳光会伤到有病的翠鸟，喜鹊还找来一片**大芭蕉叶**盖在背篓上。

正当他们要动身去侦探所时，一阵汽车行驶的声音传了过来，原来是侦探所的汽车。车刚停下，咪咪法医和贝贝神探就从车上跳了下来。咪咪法医直奔背篓，贝贝神探则走到喜鹊他们跟前询问情况。

咪咪法医检查过背篓中翠鸟的情况后，发现他们的病情**十分严重**，若不及时抢救，可能有生命危险。于是，咪咪法医立即向贝贝神探汇报。听到翠鸟的病情如此危急，贝贝神探让宝宝开车，赶快把翠鸟送到咪咪法医工作室抢救，自己则和球球去鸟语公园寻找**翠鸟生病的原因**。

丹顶鹤突然生病

贝贝神探和球球来到鸟语公园时，一群鸟儿正聚集在一起，**叽叽喳喳**地讨论翠鸟生病的原因。看见贝贝神探后，他们便一窝蜂地围了过来，七嘴八舌地说开了，由于声音太吵，贝贝神探几乎什么也没听清楚。

贝贝神探抽身站在一块大石头上，向大家挥挥手："别着急，你们一个一个地讲，不然我的耳朵都要给吵聋了。"

小鸟们都觉得很不好意思，如果真把神探的耳朵吵聋了，那可惹了大麻烦。鸟语公园一下子变得**寂静无声**，谁也不说话。

贝贝神探看看大家："怎么了？是不是我的话吓着你们了，我只是**开个玩笑**而已。别害怕，你们谁能告诉我，翠鸟为什么会生病？"

鸟儿们你看着我，我看着你，谁也没有吭声。

贝贝神探看着大家："我只是向你们了解情况，不会把你们说的话**当成办案的铁证**。所以，你们有什么疑点都可以说，没关系。要不，乌鸦你先说。"

乌鸦清了清嗓子说："我看猫头鹰很可疑，他是食肉猛禽。"

喜鹊赶紧反驳道："你说的不对，猫头鹰主要是吃老鼠和昆虫的。"

乌鸦也反驳了喜鹊："翠鸟的家建在**崖壁**的洞穴里，一般很难抓到他们，猫头鹰长着钩状的喙和长爪子，很容易就伸进洞穴里去。别忘了，他们有时也会吃鸟，并且，他们还喜欢霸占别人的洞穴作为自己的窝。"

喜鹊指着乌鸦："你要搞清楚，现在翠鸟不是被吃，而是生病了。"

乌鸦晃着脑袋说："这还不明白，猫头鹰把头伸进翠鸟的窝中，把他们全**吓病**

了。”

相思鸟走到贝贝神探的跟前：“肯定不是猫头鹰，应该是秃鹰，他们也栖息在那条河流的岸边。他们就像**强盗**一样，常常从其他鸟类的口中抢夺食物。翠鸟的食物可能也是被秃鹰抢走了，这才饿病的。”

其他的鸟都没有说话。贝贝神探看大家没有什么情况要反映，道谢后便和球球一起离开了鸟语公园。

在回侦探所的路上，贝贝神探总觉得后面有人跟踪，就小声地和球球说：“不要回头看，那会**惊动**跟踪者。我们分开来走，如果他只跟踪我们其中的一个，另一个则从后面包抄他。”

球球点点头，便和贝贝神探分别沿着不同的小路行进。走了一段路以后，球球确认自己后面**没人跟踪**，就回过头来朝贝贝神探行走的路线追过去。远远地就看见喜鹊跟在贝贝神探的身后。

球球迅速冲上去大喝一声："喜鹊，你为什么跟踪我们？"

听到球球的喊声，贝贝神探也**迅速**转过身来，两人围住了喜鹊。

喜鹊吓得连忙叫道："我没有恶意，我

是来提供线索的。”

球球问：“那你刚才为什么不说？”

喜鹊说：“我刚才不敢说，因为他也在场。”

贝贝神探**奇怪地**问道：“你说的他是指谁？”

“我是讲乌鸦。”

贝贝神探问：“乌鸦有什么不正常的情况吗？”

“那倒没有，我只是觉得乌鸦的**嫉妒**心很重，每当和翠鸟在一起玩时，大家就会起哄‘黑白配’、‘美丑图’等，让他很生气，说不定就是他想害翠鸟。”

贝贝神探对喜鹊来提供线索表示感谢，并让他回鸟语公园，如果有什么情况希望他能及时报到侦探所来。

贝贝神探和球球刚回到侦探所，还没等坐下来喘口气，乌鸦就来了。只见乌鸦一副很**神秘的样子**走到贝贝神探跟前：“贝贝神探，不得了，森林村可能发生大案了。”

贝贝神探拍拍乌鸦的后背，让他坐在椅子上：“别着急，慢慢说。”

乌鸦说：“我没有骗你，鸟语公园真的发生大案了。不仅翠鸟生病，我刚才在园内转了一圈，发现丹顶鹤**也快不行了**。”

贝贝神探吃了一惊：“怎么回事？”

乌鸦说：“还是你们自己去看看吧。现在鸟语公园都乱了套了，人心惶惶，个个都吓得不知所措。”

贝贝神探赶紧带上球球和咪咪法医坐上汽车朝鸟语公园驶去。才到公园门口，就听到一片鸟鸣声，那声音听起来有些**悲切**，令人心酸。贝贝神探还没走到丹顶鹤的住处，就被一大群鸟儿围住，大家叽叽喳喳吵个没完。

球球站在一个高处向大家喊话：“安静，别吵了，听贝贝神探讲话！”

贝贝神探站在球球的身边：“大家别

吵，在情况还没有**搞清楚**之前，你们还是回到自己家里去，不要乱跑，也不要乱吃食物。我们会尽快查清翠鸟和丹顶鹤生病的原因，现在最重要的是赶快抢救丹顶鹤。”

大家听话地散去，贝贝神探一行这才发现不远处的丹顶鹤站在泥地里，脑袋已经**耷拉**下来了。咪咪法医想立即到丹顶鹤身边施救。

贝贝神探制止住他，说：“这里是湿地，下面都是烂泥，搞不好就会陷到泥地里出不来了，还是找会飞的鸟来帮我们的忙吧。”

球球说：“我去找**鸵鸟来帮忙**，他的个子大，不费劲就能把丹顶鹤背过来。”

贝贝神探摇摇头说：“不行，鸵鸟是生活在沙漠和草原上的动物，让他到湿地里去背丹顶鹤，只怕是他自己行走都很困难。”

球球又提议：“那我去找**老鹰来帮忙**，他们可以从空中把丹顶鹤提过来。”

贝贝神探点点头说："老鹰个子大，他们可以从空中**俯冲**下去，把丹顶鹤抓到这儿来。不过，他们抓的时候要特别小心，别把丹顶鹤抓死了。"

"反正，我先去把他们找来再说。"球球边说边往老鹰的住处跑去。一会儿就带来了一群老鹰。

贝贝神探迎上去对老鹰们说："要麻烦你们了。"

老鹰扇着翅膀说："没什么，只要我们可以帮得上忙，尽管吩咐就是。"

贝贝神探告知老鹰并提醒他们："现在想请你们从空中把丹顶鹤带到岸上来，但千万别**伤到他们**。"

老鹰们在一起商量了一下，对贝贝神探说："神探，放心吧，我们想到了很好的办法。"

球球赶快问："是什么好办法？"

"你就等着瞧吧。"说完，老鹰们就**腾空而起**，朝丹顶鹤飞去，只见他们两个一组，分头朝每只丹顶鹤俯冲下去，很快就见他们把丹顶鹤抬了过来。原来一只老鹰伸出一边翅膀与另一只老鹰伸出的另一边翅膀搭在一起做成了一个坐垫，让丹顶鹤坐在搭起的翅膀坐垫上，老鹰用另外的翅膀飞行。这样让老鹰飞起来很辛苦，但对丹顶鹤却很安全。

贝贝神探看到后很感动，他不停地向老鹰表示感谢。咪咪法医则在一旁忙着为丹顶鹤做检查。丹顶鹤都有些**精神恍惚**，站立不稳，昏昏入睡的样子。咪咪法医在球球的帮助下，把丹顶鹤扶进汽车，立即回自己的诊室进行诊治、抢救。

工厂污水是罪魁祸首

回到诊室，咪咪法医对翠鸟和丹顶鹤的血液和尿样进行了检验，没有发现问题。但对全身进行血液**循环系统**检查时，发现他们的血液循环系统不太通畅。在对内脏进行

CT扫描时，发现部分肝脏有坏死现象。这个结果让咪咪法医大吃一惊，他赶快把检查结果报告给贝贝神探。

贝贝神探也很紧张："为什么这两种鸟会发生同样的**疾病**？"

还不等咪咪法医回答，他又问道："产生这些症状的原因是什么？"

咪咪法医说："很有可能是**中毒**。"

"什么毒这么厉害？"

咪咪法医推断："好像是杀虫剂之类的毒。"

贝贝神探赶紧把球球叫过来："你赶快到鸟语公园**调查一下**，毒从何来？"

随后又对咪咪法医说："你赶紧对中毒的患者进行抢救，务必把他们救活。"

咪咪法医叫来宝宝帮忙，给翠鸟和丹顶鹤洗胃、灌肠和血液透析，只有尽快把他们体内的毒素排出，才能**挽救**他们的生命。虽然咪咪法医努力地救治这些患者，但还是有两只小翠鸟死亡了。

贝贝神探气愤地说："我一定要抓出投毒的坏蛋，给死去的翠鸟一个交代！"

球球这时已经调查回来，看他的表情就知道是一无所获。贝贝神探和球球回到办公室坐下来后，开始冷静地思考起来，为什么其他的鸟类没有出现中毒现象，只有翠鸟和丹顶鹤中毒，他们有什么共同之处？

球球说："我在鸟语公园调查时，大家反映翠鸟和丹顶鹤最**喜欢吃鱼**，是不是鱼有问题？"

贝贝神探立即和球球赶往小河边，由于森林村很久没有下雨了，**河水很浅**。在河岸边，他们发现了不少的死鱼。球球把死鱼装进证物袋，立刻送到咪咪法医的工作室，请他化验。这些鱼果然是中毒死亡，鱼所中的毒与翠鸟和丹顶鹤所中的毒是一样的，都是杀虫剂。

咪咪法医说："看来是有人故意投毒，这是一起严重的投毒案件。要赶快把**投毒**

的凶手抓起来，否则，后果不堪设想。”

贝贝神探让咪咪法医找出鱼儿的死亡时间。咪咪法医通过对鱼儿身体的僵硬程度，以及苍蝇在尸体上产卵、孵化的情况进行分析，得出这些鱼儿的死亡时间至少在三天以上。

贝贝神探听了咪咪法医的分析结果，便让球球去把那几个鸟语公园中**反映有问题的**对象好好调查一下，弄清楚他们在三天前是否有异常举动。并叮嘱球球，在调查时，不要把投毒的事说出去，以免引起大家恐慌，还叮嘱他态度要和蔼。

球球把录音机装在口袋里，便来到鸟语公园。他四处漫步，跟遇到的每只鸟儿都交谈几句，也顺便与在鸟语公园内**玩耍**的其他动物交谈一下。随后，他又来到小河的上游，与正在那儿嬉水及在河边树荫下乘凉的动物们交谈，在有意与无意之中把话题引到秃鹰、猫头鹰和乌鸦的身上，但没有谁反映三天前他们有什么可疑行为。

球球累得要命，但还是**一无所获**地回到侦探所。这时贝贝神探正准备去取小河的水样，球球便上了汽车和贝贝神探一起去。

到了小河边，宝宝**惊讶地**叫起来：“小河的水位怎么这么低。”原来他每天都会到这条小河来游泳，对这里的水位很有印象。而最近由于天气太热，不想出门，加上事情又比较多，差不多有一个多星期没来小河游泳了。经宝宝这么一叫，贝贝神探和球球也对小河的水位进行了仔细地观察。没错，小河的水位比正常时低了二分之一还要多。他们用瓶子装了一些水就回侦探所了。

咪咪法医用色谱仪检查了死鱼的尸体和小河的水样后说：“小鱼体内的**苯胺类化合物含量很高**，而小河水中的污染物含量一般不会这么高。”

球球疑惑地问：“那是为什么呢？”

咪咪法医解释说：“因为水体污染的负荷能力与河水的流量是成正比的，河水流量少，水体污染负荷能力就降低，造成河水的严重污染。”

贝贝神探知道森林村已经很长时间无降水了，他上网查询了一下，确定森林村连续无有效降水的时间持续了一个多月，难怪小河的水位下降了这么多。他继续查找有关苯胺类化合物对水体**污染的资料**，得知，苯胺类化合物会损害动物的血液循环系统、肝脏及大脑的神经系统。小河的水受污染后，首先中毒的是鱼，而翠鸟和丹顶鹤是以捕食鱼儿为生的。

翠鸟在捕食鱼类时，因为担心到口的鱼儿逃跑，每次都是先吞下鱼头。而鱼头中有毒物质的含量很高，因此翠鸟**中毒比较深**。

贝贝神探和球球把情况分析清楚之后，来到鸟语公园把翠鸟和丹顶鹤中毒的原因告诉小鸟们，大家叽叽喳喳议论开了。

有的说：“原来是老天不下雨害了我们。”

有的问："这些苯胺类化合物是从哪儿来的？"

贝贝神探解释道："那是因为在我们这条小河的上游有一座制药厂，厂里的废水全流进了小河。"

"为什么以前没有中毒现象？"

贝贝神探说："平时小河的水流量大，

有毒物质扩散快，所以没有造成严重影响。而最近有一个多月没有有效降雨，小河的水流量大大减少，水中苯胺类化合物的含量几乎达到每升0.9毫克，而含量在0.1毫克以下才是**安全饮用水**的标准。”

“哇，都超过8倍了。”

贝贝神探接着说：“小河中的鱼儿首先中毒，然后引起了以食鱼为生的翠鸟和丹顶鹤中毒。大家以后吃东西真的要小心才是，**不新鲜**的食物千万别吃。”

有的小鸟叫起来：“我们是不是应该找上游的制药厂谈判，让他们以后不再污染我们的河水。”

贝贝神探说：“我们把这里的情况通报了制药厂，他们保证立即**修建废水处理池**，绝对不让废水流进我们的小河。”

大树下的焦尸

大树下发现焦尸

冬季就要结束，初春快要到了。与往年相比，今年的严冬持续的时间似乎有点长，天气一直是**阴沉沉的**，不时地还会飘一点雨夹雪。森林村的动物们大多数都躲在家中，很少出门。不过，那些活泼好动的家伙在家里待久了就会烦，像小灵猫、恐龙西西等就在家里待烦了，恨不得到外面去玩上几天不回家才过瘾。

好不容易盼到了一个能见到阳光的日子，虽然**云散开了**，但大地身上的被子也掀掉了，气温降得很低，走出家门就会冷得忍不住直哆嗦。

吃过早饭，小灵猫就给西西打电话，想和他一起去野外**逛一逛**，把长时间待在家中的烦闷之气散发掉。他们是说走就走的痛快家伙，两个相约在村中熊猫开的超市门口汇合，一起到村外森林与**大海间的空旷地放风筝**。

9时左右，小灵猫和西西来到了那块空旷的地方，气温虽然仍旧很低，但有暖洋洋的太阳照在身上，感觉还是很不错的。冬季呼啸的北风好像也已经离开，只有微风**轻轻吹**过，这种天气放风筝是再好不过的了。

他们想先到空旷处唯一的大树下，做好放风筝的准备工作。谁知，离大树还有十几米时，眼尖的小灵猫就发现大树下有异常情况，树下好像有一团黑影。

小灵猫指着大树下的黑影对西西说："西西，快看，是不是谁在树下睡着了。"西西看了一眼说："谁会在这里睡觉，想必是生病了。"

他们快步来到大树下，看了一眼，就吓得直往后倒退，把随身携带的东西往地上一

扔，就**马不停蹄**地朝侦探所跑去。刚跑到侦探所的门口，气喘吁吁的西西就一屁股坐在地上，“呼哧，呼哧”的呼吸声大得快把屋顶给**掀翻了**。听到声响跑出来的球球赶紧站在西西身后，不停地给他捶背。

小灵猫也跑得上气不接下气，他朝刚走出来的贝贝神探叫道：“贝贝神探，你快到村子东边那片空旷地去看看。”

贝贝神探轻轻拍了拍小灵猫的后背："别着急，慢慢说，去看什么？"

"在中间那棵大树下，有一具被大火烧焦的尸体。"

贝贝神探**瞪大了眼睛**："尸体？谁的尸体？"

"不知道，我们都被吓傻了。谁还敢仔细看是谁，跑还来不及呢。"

贝贝神探听到这儿，知道再问也是白搭，便让小灵猫和西西在侦探所好好休息，自己和球球坐上汽车朝村子东边驶去。因为天气还是**很冷**，路上的行人不多，宝宝开着车很快就到了那片空旷地的附近。

因为怕破坏现场，贝贝神探让宝宝把车停下来，自己和球球**小心翼翼**地走向那棵醒目的大树。

离那棵大树还有几十米远，就看到树下有一团黑糊糊的东西。贝贝神探和球球边向大树靠近，边查看四周是否有遗留的足迹，或者其他可能引发火灾的物品。但一直走到大树下，也没有发现任何**蛛丝马迹**。

来到那团黑糊糊的东西跟前，能清楚地看出那是一具动物的尸体，但贝贝神探和球球怎么也辨认不出到底是谁的尸体。因为这具尸体被火烧得太严重了，就连骨头都已经炭化了。

球球掏出相机忙着给尸体和周围的环境拍照，贝贝神探则掏出高倍放大镜沿着尸体及大树的周围仔细寻找线索。因为是冬季，周围的草早已**枯死**，地上只有泥和沙的混合物，除了风吹过留下的痕迹，再也没有其他的痕迹了。

贝贝神探又抬头看看大树，这是一棵冬季也不会落叶的木麻黄树。木麻黄树是四季常青的乔木，高的可达20米，生长在海边可以有效地防御海风的**侵袭**。眼前这棵木麻黄树差不多有15米高，树冠上部的叶子和树干也有一部分被火烧过的痕迹。贝贝神探让球球把这些全都拍摄下来，然后和球球一起把烧焦的尸体小心地放进装尸袋，装上汽车回到侦探所。

回到侦探所后，贝贝神探和球球把尸体抬到咪咪法医工作室的尸检台上。由于尸体烧得**太厉害**，从皮肤细胞和血液中提取DNA根本就不可能。咪咪法医仔细检查，终于发现死者的牙齿还比较完整，他便拔下一颗牙齿，从牙根处取出一点牙髓进行DNA鉴定，很快，结果出来了，死者竟是**性格比较暴躁的红毛猩猩**。

咪咪法医把尸检结果交到贝贝神探的手中，上面写道："红毛猩猩是被火烧死的，从焚烧的痕迹来看，好像是被雷电击中而烧死的。"

球球一看就叫了起来："不可能的，大冬天哪来的雷电，肯定是被谁**烧死的**。"

那会是谁把红毛猩猩烧死在那棵孤零零的大树下呢？

贝贝神探和球球决定去走访猩猩居住的小区，看能否找到红毛猩猩被杀的原因。可是，他们在猩猩小区却没有找到**失踪者**，猩猩小区的居民们都在家，谁家也没有失踪的亲属，难道是咪咪法医把死者的DNA鉴定错了？

贝贝神探和球球回到侦探所，来到咪咪法医的工作室，询问有关DNA鉴定的事情。

咪咪法医肯定地说：“我的DNA鉴定结果绝对没有问题。这台设备是中国最新研制的，它的**准确率**能达到100%，也就是说，这具尸体肯定是红毛猩猩的。”

初春会有雷电吗

听到咪咪法医如此肯定的答复，贝贝神探和球球决定分头走访**森林村的居民**，看看有谁见过陌生的红猩猩。

贝贝神探在猴子小区走访时，东东反映的一个情况，引起了他的注意。

东东说："有一天下午5点多钟，我从外面开车回来，在快到森林村的公路边，看见过一只个子很大的猩猩。"

贝贝神探问："你看见他的样子和颜色了吗？"

"开始没有看清，冬天昼短夜长，太阳落山早，5点多钟就很黑了。当时，我想停下车来，问他要不要**搭便车**。"

"他回答你的问题了吗？"

"我还没来得及问呢。"

"为什么？"

"当我把车灯打向那只猩猩时，我才看清楚这是一只我**不熟悉**的，样子很凶恶的红毛猩猩。他对着我龇牙咧嘴，我哪还敢停车，一踩油门就加速开回村子了。"

从小区其他的猴子口中，贝贝神探没有问出有用的信息，就打道回侦探所了，而球球在10分钟前就已经回来了。

球球也有收获，他从小灵猫的口中得

知，曾经在海滩边的那棵孤零零的大树下，见过一头从未见过的红毛大猩猩。

贝贝神探与球球把各自走访的情况交流、分析后得出结论，这头被烧死的红毛大猩猩不是森林村的居民，应该是由外地流落到森林村来的。但是，一连串的问题又来了。

如果是无处容身才来到森林村，为什么他没有去投靠熟悉的猩猩，而是冒着严寒在外面流浪呢?

为什么会被烧死在那棵孤零零的大树下呢?

是不是村子里的猩猩们排外思想太严重，故意要烧死他呢?

贝贝神探决定再次走访猩猩小区。来到小区后，贝贝神探找了一间又大又暖和的房间，把所有的猩猩都叫到这个房间内，向大家通报在海滩的大树下，发现了一具红毛猩猩的尸体。所有在场的猩猩都露出了很惊讶的表情。他们没有谁家有亲戚来做客，也没有什么朋友来串门，更没有谁会去欺负一个外地猩猩。

有的猩猩说："如果这个外来的猩猩行为不轨的话，让恐龙西西发现了，很有可能会教训他。"

这个猩猩的说法立刻遭到大多数猩猩的反对，大家都说西西可是一个大好人，他路见不平会拔刀相助，但绝对不会伤人。贝贝神探和球球也同意大多数猩猩的看法，西西在维护森林村的和谐中，做了很多的好事，但他绝不是一个**残暴的**人，他喜欢以理服人。

调查进行到这里，有用的线索还是一无所有。

贝贝神探和球球回到侦探所，贝贝神探把那棵孤零零大树及其周围环境的照片调出来，仔细研究起来。大海与森林间的那片**空旷地上**，只有那一棵大树，周围没有花草，只有沙滩和泥土，平时到那儿去玩的动物并不是很多。

在离大树不远的地方有一条马路，这是专门为上学的孩子们修建的，这条路直通学校。平时走这条路的动物不多，只有那些上学的孩子们，每天上午结伴去上学，下午一起放学回家时，才会走这条路。为什么红毛猩猩要守在这棵大树下呢？

贝贝神探被一大堆的疑问所困惑，他想来想去，觉得东东是**唯一**看清楚这只红毛大猩猩相貌的，还是去找他聊一聊，说不定能找到**突破口**。并且猴子小区上学的孩子比较多，说不定他们也知道一些什么。

贝贝神探直接来到东东家，让他把小区上学的孩子们都召集到一起，很快，小区的学生们都来了。孩子就是孩子，这几天天气太冷，大家都没有捞到玩耍的机会，好不容易聚到一起，不打打闹闹才怪。

贝贝神探等他们玩得差不多了，这才开始询问，有谁看到过一只陌生的红毛猩猩没有？一提到红毛猩猩，大家的话可多了，有的说看见红毛猩猩在路边，**死死地盯着**他们看；有的说看到红毛猩猩在跟踪他们；还有的说红毛猩猩拿糖果给他们吃，让孩子们跟他一起去玩。

贝贝神探于是问：“你们有谁跟他一起去玩过吗？”

东东的儿子大东说：“谁敢和他一起去

玩，他的样子可凶了，看到他都会做**噩梦**的。”

其他的孩子也**七嘴八舌**地说：“没错，谁敢跟他去玩，说不定会被他当点心吃掉。”

“你们有没有发现他想吃你们的意图？”

大东说：“那天，我们从他身边走过时，我看到他在流口水，样子可吓人啦。”

贝贝神探接着问：“你们有没有把这个情况跟家长讲，请他们出面来**处理一下**呢？”

孩子们你看看我，我看看你，大家都摇头，谁也没有向家长提起过这件事。

贝贝神探又问：“那有没有跟森林村的其他居民谈起过这个红猩猩呢？”

大家还是摇头。看来红毛猩猩的异常举动并没有引起孩子们的重视，更没有引起森林村居民的重视，应该不会有谁想除掉这只长相**凶恶的**红毛猩猩。

想到这儿，贝贝神探脑海中浮现出咪咪

法医说过的一句话：红毛猩猩好像是被雷电烧死的。有这个可能吗？

中国的大部分地区，在二十四节气的惊蛰节气前后才能听到**雷声**，到了夏季，各地才会频繁出现雷雨天气。而现在立春节气刚过，雨水节气还没有到，过了雨水节气才是惊蛰。别看已经过了立春节气，按照气象上物候学的划分方法，连续五天的日平均气温要稳定在10℃以上，才算进入了春季，森林村的日平均气温肯定不到10℃，充其量也只能算是初春。

贝贝神探回到办公室打开微机，查找是否有初春时节出现雷雨天气的**记载**。嘿，还真让他找到了。

有一年初春的晚上，在中国长江中下游地区，天空还在飘着鹅毛大雪，突然电光闪闪，雷声轰鸣。这大雪天突如其来的雷声把当地人**吓坏了**，以为这种奇怪的现象会给他们带来不吉利的后果。于是，纷纷烧香拜佛，恳求老天爷保佑他们平安无事。其实，这是因为当时那里的天气形势，使天空具备了既能下雪又能打雷的条件。

大树是间接杀手

看到这里，贝贝神探离开侦探所来到森林村的**气象观测场**，向蜜蜂中中打听近十天的天气情况，果然在三天前，森林村也出现了雷电现象。

中中说："当时可把我吓坏了，怎么天空正飘着雨夹雪的时候，会出现**电闪雷鸣**的现象，真是不可思议。"

贝贝神探安慰中中说："不要害怕，这种天气现象在地球上并不是第一次出现，它与天气形势有关。"

说完，贝贝神探就回到侦探所，把球球、西西和小灵猫一起叫到猩猩小区，并让小区的居民们都到小操场上来。

贝贝神探向大家宣布："那棵孤零零的

大树下的红毛猩猩是**被雷电打死**的。”

西西一听，马上站了起来：“不对吧，现在还是冬天，怎么可能会被**雷电击中**。”

贝贝神探没有马上回答西西的问题，而是问大家：“三天前，你们有没有听到雷声呀？”

在场的动物你看看我，我看看你，谁都回答不上来。

小灵猫摸摸头说："三天前的那个晚上，我好像听到了很响的声音，还以为是谁在**放鞭炮**。当时天气很冷，我已经躺在被窝里准备睡觉了。"

贝贝神探说："没错，三天前的晚上，确实出现过雷电天气。"

西西不解地问："怎么可能呢？我清楚地记得，那天是雨夹雪天气，怎么会打雷闪电呢？"

贝贝神探解释说："我先给大家说说产生雷电天气的原因。由于**暖湿空气**急剧上升时，高空的气温很低，空气遇冷凝结产生积雨云，随着暖湿空气的不断补充，积雨云也在不断发展，大气发生剧烈摩擦就产生了雷电天气。"

小灵猫仍不解地问："可那天的**天气很冷**，怎么可能有那么多的暖湿空气？"

贝贝神探继续解释："随着春天的即将到来，暖湿空气越来越活跃，而冷空气的势力没太减弱，那天侵入森林村的冷空气使气温几乎下降到了零摄氏度，而从海洋上吹过来一股很强的**暖湿空气**，冷暖气流就在我们这里汇合了。由于暖气团比冷气团轻，它会沿着低层的冷空气迅速地往上爬。"

小灵猫插嘴说："我知道，冷暖空气见面就会打架，一打架就要下雨。"

贝贝神探点点头："对，并且在降雨的层状云中，由于暖湿空气的不断爬升，就形成了积雨云。"

小灵猫又忍不住插嘴说："积雨云能产生**雷阵雨**天气，但它应该下雨，而不是下雪才对。"在场的动物听到这儿，都忍不住点点头。

贝贝神探接着说："积雨云是由水滴、雪花和冰晶共同组成的，由于那天靠近地面的**气温很低**，只有零摄氏度，所以积雨云中的部分雪花没法变成水滴，就随着雨滴一起降下来了。”

小灵猫终于明白了：“哦，这样就产生了一边下雨夹雪，一边电闪雷鸣的现象。”

西西还有想不通的问题：“怎么会那么巧，这个雷就击中了红毛猩猩呢？”

贝贝神探说：“那是一只从外地**流窜**到森林村的红毛猩猩，他的名字叫大毛。”

“您是怎么知道的？”

“我是从网络上查到的。”

“有网络真方便。”

小灵猫斜眼看了看西西：“西西，你不要那么啰唆好不好，听贝贝神探告诉我们，为什么红毛猩猩会死在那棵大树下。”

贝贝神探笑了笑说：“从上学的孩子们的口中，我们知道这只红毛猩猩大毛在那块**空旷的**地方，已经待了半个多月了。那是孩子们上学、放学的必经之地。红毛猩猩试图接近这些孩子，但是，由于他的长相**比较**

凶恶，所以没有孩子敢接近他。”

西西问：“那只红毛猩猩是不是想把这些孩子当成自己的食物，才守在那儿的？”

贝贝神探说：“暂时我们是不得而知。因为红毛猩猩已经死了，死无对证。”

小灵猫自己在一旁点点头说：“我觉得可能性很大。因为我从网络上看到，大猩猩是会吃小动物的。有时几个大猩猩还会联手，把小动物赶进他们的**埋伏圈**，然后再围攻，杀死并分食猎物。”

猩猩们听到这儿都有些不高兴，一只猩猩站起来说：“小灵猫说的是个别凶残的猩猩，住在森林村的猩猩都是老实的，安分守己的。”

西西赶紧说道：“别生气，我知道小灵猫绝对不是说你们。那个守在大树下想害人的红毛猩猩是**恶有恶报**。我就搞不明白，雷怎么刚好就击中了红毛猩猩呢？”

贝贝神探告诉西西：“这没有什么**好奇**

怪的。因为在那片开阔的区域内，只有这么一棵孤零零的大树耸立在那儿，当地面的物体受到雷电的感应，产生电荷时，在高耸的物体上就会集中较多的感应电荷。”

小灵猫问：“为什么高耸的物体会集中较多的感应电荷？”

“因为雷雨云的云底是带了电的，这种电能使地面的物体产生相反的感应电，当感应**电荷性质**相同时，就会互相排斥。”

“我知道，正负电荷会相吸，如果都是正电荷，或者都是负电荷就会相排斥。”

“在弯曲的地方排斥力更小，电荷就会向弯曲的地方移动。而**高耸**的物体是地面上最弯曲的部分，所以电荷就更集中一些。”

“树上带的电荷比地面多，所以更容易遇雷电。”

“对，高耸在地面上的大树由于电荷较多，对空中闪电的**吸引能力**也大，因而受到雷击。”

西西一拍手说："哦，红毛猩猩就这样被雷打死了。真好，在他还没有来得及犯罪时，就遭雷击了，为我们省了不少事。"

贝贝神探："不过，这件事也告诉我们，在**雷电天气**时，千万不要躲到高耸的物体下面。"

西西点了点头："特别是那些孤零零的高耸物体下面。"

贝贝神探赞许地点点头："高耸的物体是雷电最喜欢**玩耍的地方**，躲在那儿容易受到雷电的伤害。"

小灵猫在一旁说："我们都记住了。谁也不想有红毛猩猩大毛的下场。"

象牙谜案

西双版纳的“百象冢”被盗

春节过后才一周不到的时间，森林村的居民就已经恢复了正常的活动，出门旅行、游玩的动物也都**陆陆续续地**回来了。

又过了一个星期，公安网上发布了一条协助破案的公告，内容是：去年年底有人盗挖了西双版纳的“百象冢”，偷走了很多象牙，盗挖者已经被抓获，但象牙已经卖出。非法购买象牙的人有好几拨，根据**盗挖者**的回忆，当地公安人员画出了这些购买者的相貌，并将这些人的画像公布在公安网上，希望各地的侦探协助调查，尽早把象牙追回来，还回“百象冢”。

贝贝神探**仔细辨认**了网络上公布的几张嫌疑人的照片，觉得其中有一张照片很像小灵猫。于是，就派球球到居民中打听一下，春节期间有谁外出**旅游**过？都到过什么地方？特别要了解清楚小灵猫去过什么地方？和谁一起去的？他要求球球这个调查要做得含蓄一点，让大家觉得球球只是好奇地想知道各地的**风土人情**，想知道哪儿更好玩，为自己以后去旅游找一个好去处。

球球会意地点点头，便开始了自己的走访工作。他在森林村里到处转悠，见谁就问：春节到哪儿去玩了？什么地方好玩、好吃、好住，又不累？这一打听，还真有不少居民利用春节假期到各地去旅游了，去的最多的是南方。冬季南方的气温比森林村的气温要高一些，到处**绿意盎然**，鲜花盛开，去的动物都玩得很开心，并劝球球下次一定到南方去玩一玩。球球还了解到小灵猫和西西春节到西双版纳去旅游了几天。

小灵猫很得意地对球球说：“球球，要玩就要到西双版纳去，那里四季如春，景色秀美，那才是真正的生态游。”

转了一圈后，球球觉得该打听的信息已经差不多了，就回到侦探所把打听到的情况向贝贝神探作了**汇报**。听完汇报后，贝贝神探决定和球球一起去向森林村的居民拜一个晚年，并顺道查查小灵猫家里是否有象牙。

贝贝神探和球球几乎是挨家挨户地拜

年，只有这样，才有正当的理由到小灵猫家去摸摸情况。可是，他们在小灵猫家里并没有发现象牙的**踪迹**。这旅游回来还没有几天，难道就把象牙藏好了？

贝贝神探对到小灵猫家去拜年没有收获百思不得其解，思前想后，他准备去找与小灵猫一起去西双版纳旅游的西西聊聊，看看他那里是否能找到什么线索。

球球一听这个主意，就立即表示反对：“贝贝神探，不能去找西西**打听情况**。你想想看，他们两个一起去西双版纳，吃住肯定都在一起，说不定这件事就是他和小灵猫一起干的。你一去问，不就**打草惊蛇**了吗？”

贝贝神探说：“我相信西西是有头脑的，一旦知道象牙是不能随便买卖的，他会向我们提供线索的。”说完，便自己开车去了西西的家，

西西热情地接待了贝贝神探：“贝贝神

探，你是**无事不登三宝殿**。是不是有事要找我帮忙？”

贝贝神探让西西和自己坐在一起，问：“春节在西双版纳玩得高兴吗？”

西西高兴地说：“那当然，在那里不要说景色，就连空气都能让人流连忘返。”

“你有没有买一些当地的土特产带回来？”

西西拍拍头：“啊，这倒没有。现在交通方便，那里的**土特产**，在森林村的超市或者附近的城镇都能买到，没必要那么辛苦地带当地的土特产了。”

贝贝神探赞许地点点头：“对，不过有些人的思想可不像你那么**超前**。你是和小灵猫一起去的吧？他有没有买什么土特产？”

西西想也没想便回答：“没错，我是和小灵猫一起去的。他可辛苦了，在那儿买了两根木头带回来。”

贝贝神探有点惊喜地问道：“什么木

头？你看到了吗？”

西西摇摇头：“当时，我只看到小灵猫用车推着两个已经包扎好的长形**包裹**。他说是木头，但里面的木头我没有看见。”

“他买木头干什么？森林村有的是木头。”

西西瞪着眼睛说：“我也是这样问他的，他说西双版纳的**红木**很好，他想做一对椅子。”

贝贝神探又问：“回来以后，你见过小灵猫的木头吗？”

西西还是摇摇头：“没有。回来后的第二天晚上，我去找他，他不在家。我等了好久，才见他扛着一把**铁铲**，一身尘土地回来。”

“知道他去哪儿吗？”

西西撅着嘴：“我问过他，他说想挖一个鱼塘养鱼。我可是没见他挖的**鱼塘**在什么地方。”

泥石流中出现象牙

贝贝神探告别西西后，决定先到小灵猫家附近查看一下。来到小灵猫家附近，贝贝神探在四周**转悠了一圈**，正像西西说的那样，到处都没有找到新挖的鱼塘，就连一个新挖的小土坑也没有。

贝贝神探把搜索的范围又扩大了一些，他来到不远处的小山上。山上也没有找到新挖的痕迹，到处都是枯草。贝贝神探本想到小灵猫家去看看，但又觉得这样会**打草惊蛇**，搞不好被小灵猫觉察后，毁掉象牙就糟糕了。

于是，贝贝神探让咪咪法医去小灵猫家拜年。他们属于同一个家族，去拜年名正言顺，不容易让小灵猫**起疑心**。他特别嘱咐咪咪法医留心看一下小灵猫家里是否有新做的椅子，或者是新木料。

咪咪法医到小灵猫家拜年，小灵猫可高

兴了，做了红烧全鱼、糖醋鱼块、水煮鱼丸等色香味俱全的佳肴招待咪咪法医。不过，招待归招待，咪咪法医在**享受美味**时可没有忘记自己的任务，他借口看看小灵猫房间的布置，到处转了转，并没有发现新做的椅子，也没有发现新木料。所以，吃完饭之后，他便很快回到侦探所。

就这样，有关偷买象牙的寻找线索工作进行了半个来月，但一直没有**进展**，而春天的脚步却悄悄走进了森林村。

森林村春季的天空可是不平静的天空，原本十分晴朗的天，突然间乌云密布，雷声大作，倾盆大雨从天而降。已经有三个多月没有降雨的森林村，本来到处是**灰蒙蒙的**，植物干得都快脱形了，山坡干得泥土直往下掉。好不容易盼来了这场降雨，森林村的居民别提有多高兴了。

可是，他们高兴得太早了一点，这场雨下得实在太大了，就像是有谁从天上往下倒水似的。由于短时间内**降雨**量太大，马路上的雨水就像小河一样在流淌，并且很快地上就有了10厘米左右深的积水，附近小山坡上因为干旱已经松散的泥土，在雨水的冲刷下，发生了泥石流。

在雨水的不断冲刷下，山坡上随着泥石流滚下来两根白得**耀眼**的、一头尖的弯曲棍子，这两根棍子随泥水流到森林村的中间就停了下来。在家中躲雨的居民们惊呼起来："快看，马路上有两根白色的棍子。"

听到叫声的贝贝神探和球球冒雨来到村子中间的马路上，一看，原来是两根象牙。他们**小心翼翼**地用雨水冲洗干净象牙，然后各抱一根，回到侦探所。

这雷阵雨天气来得快，走得也快，不到一个小时，降雨就停止了。贝贝神探让球球通知森林村的居民到侦探所集合，他要给大家讲一个真实的故事。

球球拿起**无线话筒**，把音量开到最大，通知全村居民到侦探所来，听贝贝神探讲故事，并连续说了好几遍。

贝贝神探要给大家讲故事，这在森林村的历史上还是头一遭，听到通知的居民一传十，十传百，很快就聚集到侦探所前面的大草坪上。雨水把草坪冲洗得**很干净**，虽然有些潮湿，但谁也不在乎。这难得的听故事机会，谁也不会放弃的。

贝贝神探见居民们到的差不多了，就坐在一把球球搬出来的椅子上，问大家："你们听说过抗日战争的事吗？"

大家几乎是异口同声地回答道："听过。"

贝贝神探点点头说："当时在中国云南的西双版纳有一队象兵，这支队伍是由80头大象组成的。在1943年日本侵略军攻入西双版纳时，这些大象英勇地与日军作战。"

西西站起来问道："他们拿什么武器与敌人战斗？"

贝贝神探回答："他们用自己身上特有的武器——象牙、长鼻子和象腿与日军战斗。他们用象牙刺穿敌人的胸膛，用**长鼻子**卷起敌人甩出去，用粗壮的象腿用力踩敌人。"

西西好奇地问："敌人有枪、有炮，象兵打得赢吗？"

贝贝神探用低沉的声音说道："当然，

肉体是拼不过金属的枪弹和炮弹的，大象们全部中弹倒在了血泊之中。”

听到这儿，在座的居民中有的在默默地流着眼泪，有的在**轻声地啜泣**，这些英勇的大象太了不起了。

小灵猫站起来问道：“有人埋葬他们吗？”

贝贝神探沉痛地说：“有，当地村寨的居民组织起来，挖了一个很大的坑，把死去的大象都埋葬了。并在坟堆旁立了一块碑，刻上‘百象冢’三个字。”

西西**揉着眼睛**说：“真惨，80头大象一头也没有活下来。”

贝贝神探摆了一下手：“不，有一头大象虽然脖子上被砍了一刀，腿上中了一枪，但他没有死。”

听众们的眼中露出**欣慰的笑容**。

小灵猫偷买了象牙

后来，这头大象怎么样了？这是大家最关心的问题。

贝贝神探说："村民们把他抬回了寨子，并救活了他。"

小灵猫着急地问："那后来这头大象好了吗？村民们对他好吗？"

贝贝神探说："对于这头**勇敢的大象**，村民们让他吃好、住好，不让他劳动，一直呵护了他28年。"

西西问："现在他死了吗？"

贝贝神探难过地说："他死得很悲壮。当他知道自己快不行的时候，就不再进食。一天早晨，他**凭着记忆**，找到了自己的象鞍。"

西西又问："是不是像马身上背的马鞍一样的东西？"

贝贝神探点点头："是的，象身上的叫**象鞍**。这头大象用鼻子吹去象鞍上的灰尘，然后把它卷到自己的背上，并要求照顾他的人把象鞍捆好。"

蚂蚁南南哭着问："他就这样死了吗？"

贝贝神探摇摇头："没有，大象走出房门，围着寨子转了三圈，感谢寨子里人们的**救命和养护之恩**。"

西西的眼泪也流出来了："太感人了！后来呢？"

贝贝神探揉揉自己有点红的眼睛："大象在全寨子人流着眼泪的目光中，朝着他一直难以忘怀的战场走去。由于多日没有进食，他走走停停，本来只有半天不到的路程，他一直走到傍晚，才来到曾经被大象的**鲜血染红的**河流旁，也就是他们与日本侵略军英勇战斗的战场。"

西西含着眼泪问："他是来回忆过去战

斗的场面吗？”

贝贝神探摇摇头：“大象面对着血一般**艳丽的落日**，昂首大声地吼叫起来，并用鼻子轻轻地抚摸曾经为自己挡过河水的石头，也就是在石头旁村民们救了他的命。”

小灵猫说：“他大概觉得那块石头也是他的救命恩人吧。”

贝贝神探接着说：“做过这些后，他又摇晃着虚弱的身体，朝一个小山坡走去。”

西西不解地问：“这时候天不是已经很晚了吗，他为啥还不休息，那么辛苦干什么？”

贝贝神探悲伤地说：“他拼着最后的一点力气，朝埋葬他79位战友的‘百象冢’走去。”

小灵猫低着头，小声地说：“他对战友的感情真是很深厚，到死也没有**忘记**他们。”

贝贝神探看了小灵猫一眼：“在那块

‘百象冢’的石碑前，他找了一块平坦的地方，开始用自己的鼻子和象牙挖坑。”

西西担心地说：“他的身体都这么**虚弱**了，还自己挖。他应该叫村民帮他挖呀。”

贝贝神探摇摇头：“他想用自己的努力，完成一个战士最后的工作。他从夜晚挖到凌晨，又从凌晨挖到夜晚。”

说到这儿，贝贝神探忍不住流下了伤心的泪水，草坪上也传出一阵阵的**哭泣声**，在座的动物几乎全都哭了起来。

贝贝神探接着往下说：“大象终于挖了一个3米左右深的大坑，然后，自己用尽最后的力气跳了下去。”

听众们全都放声大哭起来，哭了好一会儿。

西西站起来边抹眼泪边问：“谁来掩埋他呢？”

贝贝神探流着眼泪说：“村民来到深坑前，发现大象脸朝天，**眼睛睁得大大**的，已经死了。”

大家又忍不住大哭起来。等大家的哭声小了之后，贝贝神探又接着说："人们流着眼泪**掩埋**了他。"

西西哭着问："贝贝神探，你的故事是不是讲完了？"

贝贝神探摇摇头说："没有。春节前，一些财迷心窍的人偷挖了'百象冢'，把挖出的象牙拿出来卖钱。"

西西气得跺着脚说："世界上怎么会有这么无耻的人。这些大象为了正义的战争，献出了**宝贵的生命**，竟有人拿象兵的尸骨卖钱。真可恨！"

这时，一声撕心裂肺的哭声响起，把大家吓了一跳。原来是小灵猫正跪在地上放声痛哭。

贝贝神探走到小灵猫跟前："小灵猫，你有什么伤心事，就向大家说。"

小灵猫流着眼泪说："我去西双版纳旅游时，向当地人买了两根象牙。我不知道他们是从'**百象冢**'挖来的。我对不起那些

勇敢的大象战士。”

贝贝神探扶起小灵猫：“你能承认错误，并且事先你也不知情，大家是不会怪你的。”

西西拍拍小灵猫的背：“你知错就得改，这两根象牙你打算怎么办？”

小灵猫坚定地说：“我准备送回**西双版纳**，把他们安放到‘百象冢’中，并向当地公安部门检举卖象牙的人。”

西西点了点头：“对，我和你一起去，也能好好祭拜一下那些英勇的象兵，并帮助公安部门把那些坏人绳之以法。”

森林村的居民们为小灵猫能认错、改错鼓掌叫好，纷纷让西西和小灵猫带上自己对勇士们的**敬意**。

消失在雪地的凶器

黑山羊遇刺

老天爷的事情真是说不清楚，大家从电视、报纸、网络上得到的信息都是全球的**气候变暖了**。不错，有时候天气确实挺热的，可是，今年冬天还真冷，原来很少看到的结冰现象，今年不仅地面上结冰了，就连屋檐下也结了一根根长长的**冰溜子**。

森林村的孩子们自出生以来第一次见冰溜子，他们可高兴了，还以为可以吃到不花钱的冰棍。幸好咪咪法医挨家挨户开展了卫生宣传，不然吃了这些冰溜子，一旦闹起肠胃炎，孩子们就要**遭罪**了。

本来这么冷的天气，森林村的动物们基本上是不出门的。但是，这天黑山羊听说妈妈生病了，便匆匆赶到妈妈身边去照顾她。一直到晚上妈妈睡觉以后，才往自己家里赶。

黑山羊刚刚走到自己居住的山羊小区门口，突然间从黑暗之中冲出来一个黑影，从背后袭击了黑山羊。遇刺的黑山羊大声呼救，听到叫声的山羊们纷纷从家中跑出来。

只见黑山羊倒在雪地上，他身体周围的雪都被染成了红色。看到发生了案情，立刻

有山羊掏出手机向贝贝神探**报警**。

接到报警电话的贝贝神探带上球球和咪咪法医，迅速赶到了山羊小区。远远地就看见一群山羊围在小区门口，吵吵闹闹的。他们赶紧下车，跑了过去。

见贝贝神探来了，山羊们一窝蜂围上来，你一言，我一语地叫了起来："贝贝神探，不得了啦！凶手竟敢到小区来**行凶**，森林村的治安情况太令人不安了！"

球球掏出相机打算对现场进行拍照取证，可哪里还有现场啊，全叫这群山羊给踩得一塌糊涂。本来白白的雪地要**搜索**凶手足迹是易如反掌的事，这下好了，被山羊一踩，白白的雪地已经变成一地的烂雪泥，根本找不到凶手的足迹了。

黑山羊此时还躺在雪地上，在他身边的地上，白雪已经染成了**红雪**。咪咪法医则赶紧挤进山羊群中，对黑山羊进行救治。

还好，除了背上有一个刀伤外，身体

其他部位没有受伤，但背上的伤口很深，血不停地往外涌，必须马上送到咪咪法医的工作室去治疗，否则，失血过多会有生命危险。

球球和白山羊把黑山羊抬上汽车，咪咪法医正要上车时，贝贝神探走过来交代他：“好好检查一下黑山羊的**伤口**，看看是被什么凶器刺伤的。”

汽车开走后，贝贝神探让围观的山羊都各自回家休息，自己和球球留在现场，继续查找线索。

由于黑山羊遇刺地点周围的现场已被破坏得不成样子了，他们便扩大了搜寻的范围。很快就发现了一串**可疑的足迹**。

沿着足迹查下去，却来到黑山羊妈妈的家。原来这串足迹是黑山羊从妈妈家返回山羊小区时留在雪地上的。

贝贝神探他们刚走到黑山羊妈妈家的门

前，听到声音的黑山羊妈妈拖着**病病歪歪**的身子就从屋子里走了出来，询问黑山羊的情况，原来她已经听说儿子受伤的事，正着急上火呢。听贝贝神探说儿子没有生命危险时，黑山羊妈妈叹了一口大气说：“那我就放心了，儿子是因为来照顾我才受的伤呀。不过，我怎么也想不通，是谁要伤害我善良的孩子呀。贝贝神探，求你一定要抓到凶手，让我们一家安心啊。”

贝贝神探点点头问道：“你和儿子有没有什么**仇人**？或者平时和谁的关系比较差？”

黑山羊妈妈想都没想就回答：“我们没有仇人，像我们这种**与世无争**的人，能去和谁闹意见呢。我们和谁的关系都好得很。”

贝贝神探和球球告别黑山羊的妈妈时，向她保证一定要把凶手**捉拿归案**。贝贝神探让她安心休养，并祝她早日恢复健康。

找不到凶器

贝贝神探和球球踏着积雪又回到了**案发现场**，继续寻找线索。在小区附近与黑山羊妈妈家相反的方向，他们也找到了一串足迹，足迹的方向是离开现场的。

他们非常高兴，总算找到破案线索了。但经过仔细辨认，一盆冷水泼到头上，原来这也是山羊的足迹。这到底是怎么一回事呀？

管它三七二十一，先把足迹留影、拓下来再说。球球赶紧拿出相机，先利用**夜光镜**把足迹拍摄下来，又掏出速干塑胶液拓下足迹印。

然后，贝贝神探和球球沿着这串足迹找下去，一直来到一座小山的背风处，这儿没有雪，足迹也不见了。他们用夜光**放大镜**仔细搜索四周，无论是足迹，还是凶器，都一无所获。

回想整个的搜索过程，明明黑山羊的背上有被**利器刺中**的伤口，但却一直没有找到凶器。如果凶手当时把凶器拔出来带走，那凶器拔出后，上面沾到的血液，应该会在雪地上留下血滴痕迹。如果被扔掉，也应该有血滴的痕迹才对。怎么除了黑山羊躺的地上有大片的血迹外，其他地方一点血迹也没有留下呢，而黑山羊的身上也没有**凶器**，凶器到底去了哪里?

贝贝神探百思不得其解，决定先回侦探所，看看咪咪法医对黑山羊的救治情况，看看能否从黑山羊的口中得到线索。

回到侦探所，贝贝神探首先来到咪咪法医的工作室。这时，咪咪法医已经为黑山羊的伤口做了处理，并做了伤口的透视检查，得出的结论是：伤口是被锋利的**锥子**所伤，锥子的直径为1厘米左右。

咪咪法医说：“幸好黑山羊躲避及时，如果锥子刺得更深一些的话，他的**性命**就很

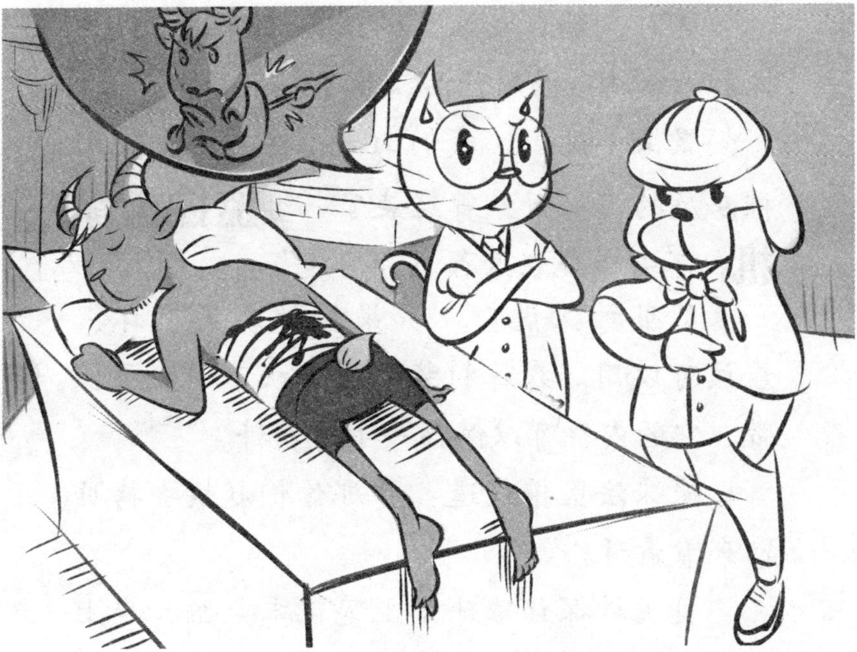

难保住了。”

球球把采集到的足迹交给咪咪法医鉴定。咪咪法医鉴定后，认为这确实是山羊的足迹，但与其他山羊的足迹比对，似乎又有些不太一样。不过，到底有什么不一样，一下子还说不清楚。等仔细分析以后，有确切的结果再向贝贝神探**汇报**。

这时，躺在病床上的黑山羊听到贝贝神探和咪咪法医的对话后，坐了起来。

黑山羊说：“我们山羊小区靠近大门那栋房屋的屋檐下，曾经装了一台**监控摄像机**，不知道现在是否还有用。”

贝贝神探说：“如果摄像机没有坏，应该可以用。森林村装的摄像机不用装录像带，它的内存可以保存一年的资料。”

咪咪法医催促道：“那你们赶快去拷贝回来看看呀。”

贝贝神探让球球带上笔记本电脑，坐上宝宝开的车来到山羊小区。球球在离小区大门最近的那栋**房屋上**找到了一台监控摄像机，摄像机安装得很隐蔽，不是知情者绝对发现不了它。并且，不知是由于安装的时间比较久，周围长出了杂草，还是当时故意装在杂草中，反正不仔细寻找，根本就看不出屋檐下的杂草中有一台摄像机。

球球爬上房顶，用一根导线把摄像机和

巴掌大的电脑连接起来，很快摄像机中存储的视频资料就拷贝到电脑中。拷贝好资料后，球球立即赶回侦探所。

贝贝神探打开电脑，查找最近的视频资料，很快就查到事发当天的录像。录像显示，当黑山羊走到小区大门口时，一个黑影窜了出来。在雪光的映照下，可以看出凶手手里拿着一把**明晃晃**的锥子，朝黑山羊刺了过去。

但由于摄像机藏在一大堆的杂草中，拍摄的画面只有中间的一部分，所以看不清那个**黑影**的样子，只能看见他的一只手和凶器，手好像就是另一只山羊的手。从这一个时段的录像上，只能证实黑山羊确实在小区门口遇刺，但却无法通过这段录像找出凶手。

贝贝神探分析，这个凶手作案有两种情况：一是这个凶手只是路过的**流窜犯**，路过此地时，发现有机可乘，便伺机作案。

如果是这种情况，要想在监控录像上找到踪迹，不太容易。

另一种情况，就是有预谋的作案。那么，凶手在行凶前一般要先查看环境，他要知道在什么地方行凶比较容易成功，行凶后从哪条路线逃跑容易摆脱别人的**追击**等。如果是这种情况，就应该可以在监控录像上找到他的踪迹。

贝贝神探把监控录像往前倒了一下，从案发时间的前十天开始看。功夫不负有心人，果然在案发前的一个星期，镜头上出现了一个陌生的身影。由于距离比较远，并且这个身影躲在一丛**灌木**中间，所以拍摄的不是很清楚，但可以肯定，他绝不是山羊小区的居民。

冰溜子是不留痕迹的凶器

贝贝神探把这段录像资料拷贝下来，用

高分辨成像软件进行处理后，终于看出这个身影的脑袋是山羊的，而身体有些像犬类动物，具体是哪种犬类动物却难以分辨出来。

这时咪咪法医走了进来，他手中拿了一沓照片，这是球球拍摄的与黑山羊妈妈家相反方向足迹的照片。

乍一看，好像是山羊的足迹，但用高倍放大镜仔细辨认，可以发现，前足的印迹更深，而后足的印迹要稍稍浅一点，这是动物在奔跑时留下的足迹。

从后面的几张照片上看，足迹的前头圆，呈纺锤状，而左右足迹靠得很近，说明这只动物仍旧在奔跑，不过比开始的速度放慢了一些。

咪咪法医又把球球拍摄的黑山羊的足迹照片拿出来，用高倍放大镜仔细观察。可以发现，整个足迹用力均匀，没有前重后轻的感觉，左右两边足迹相隔的距离，要比刚才看到的照片近一点。从这两组照片来分析，好像不是同类动物留下的足迹。

并且，山羊奔跑起来好像更绅士一些，跟平时走路的姿势差不多，只是步伐的频率更快一些。而前面看的那组照片，动物奔跑的姿势好像跟山羊的有些不太一样，动作更**粗犷**。

贝贝神探听了咪咪法医的分析后很兴奋，用力握住咪咪法医的手。连声说道："谢谢你，辛苦了！"

咪咪法医离开之后，贝贝神探又把监控录像调出来重新进行分析，最后确定凶手应该是一只狼。

贝贝神探抬头望望窗外，由于天气比前几天暖和多了，冰雪都开始融化，屋檐下原来挂的**冰溜子**也开始融化，正在一滴滴地往下滴水。他的脑海中突然浮现出那把千寻万找也没有找到的凶器。啊！原来就是冰溜子！

贝贝神探把球球叫了过来，把凶手的真实面目告诉了他，并和他一起带着枪，坐上宝宝的汽车，到森林村的各个小区**巡视**了一番，确认各处都安全外，才让球球把森林村居民召集在一起。

贝贝神探将侦查结果向大家简单地作了汇报，贝贝神探的话音刚落。受伤的黑山羊就站了起来："贝贝神探，你说凶手是狼，我看不是。如果是狼的话，为什么他不吃我，而只是把我**扎伤**就跑了，我想是森林村有人想害我。"

贝贝神探说："你有什么证据能证明森林村有人想害你。"

黑山羊摇摇头："暂时还没有。"

贝贝神探又问黑山羊："你与谁结过仇吗？"

黑山羊还是摇头："也没有。"

贝贝神探抬起头来对大家说："因为这一段时间以来，天气很寒冷，生活在野外的动物缺少食物，**饥饿难耐**。所以，狼才会趁着黑夜潜伏在小区的门外，企图抓头山羊来充饥。"

白山羊在一旁说："刚好碰到黑山羊去照顾妈妈，很晚才回家，被狼逮住了。"

黑山羊问："那为什么狼没有吃掉我？"

贝贝神探说："因为你们山羊小区的居民很**团结**，听到叫声后，立即从家里跑了出来，而且这时小区的电灯全亮了。狼怕被你们抓住，所以顾不上吃掉黑山羊，就逃掉了。"

黑山羊又问："怎么没有找到刺我的凶器呢？"

贝贝神探笑了："凶器不是狼带来的，而是老天早就准备好了。"

小灵猫咚的一声站了起来："我知道了，是不是屋檐下挂的冰溜子？"

贝贝神探点点头："小灵猫真聪明。说得不错，真的就是冰溜子。"

白山羊问："那你们是怎么发现的？"

贝贝神探解释说："咪咪法医分析黑山羊的伤口后，认为凶器是一把**锋利**的圆锥。而我们寻遍了周围各个角落都没有找到。因为冰溜子插入黑山羊的身体后，身体的温度高，冰溜子很快就融化了。”

黑山羊咬牙说：“这头狼真狡猾，竟会就地取材当凶器。”

贝贝神探最后提醒村民们：“既然我们知道了凶手是谁，大家就要提高警惕。这次监控摄像机在破案中起了很大的作用。我

们每个小区及重要的路口都要安装监控摄像机。并且要发扬一人有困难，大家来帮忙的团队精神，一旦有情况发生，大家要齐心协力赶跑甚至抓住**坏蛋**。只有这样，我们的村子才能成为一个安全、和谐的森林村。”